國寶故事 2

西周太陽能打火機

陽燧

趙利健 著

李蓉 繪

中華教育

國寶故事 2：
西周太陽能打火機——陽燧

趙利健 / 著
李蓉 / 繪

責任編輯：王玫
裝幀設計：李洛霖
排版：李洛霖
印務：劉漢舉

出版 / 中華教育

香港北角英皇道 499 號北角工業大廈 1 樓 B
電話：（852）2137 2338 傳真：（852）2713 8202
電子郵件：info@chunghwabook.com.hk
網址：http://www.chunghwabook.com.hk

發行 / 香港聯合書刊物流有限公司

香港新界大埔汀麗路 36 號 中華商務印刷大廈 3 字樓
電話：（852）2150 2100 傳真：（852）2407 3062
電子郵件：info@suplogistics.com.hk

印刷 / 美雅印刷製本有限公司

香港觀塘榮業街 6 號海濱工業大廈 4 字樓 A 室

版次 /2020 年 5 月第 1 版第 1 次印刷
©2020 中華教育

規格 / 正 12 開（230mm × 240mm）
ISBN/978-988-8675-37-1

文明的誕生，是漫漫長路上的不懈探索，是古老時光裏的好奇張望，是平靜歲月中的靈光一現，是市井歲月中的靈光一閃，是一筆一畫間的別具匠心。

博物館裏的文物是人類文明的見證，向我們無聲地講述着中華文明的開放包容和兼收並蓄。喚起兒童對歷史興趣的最好方式，就是和他們一起，在精采的故事裏不斷探索、發現。

本套叢書根據兒童的心理特點，以繪本的形式，將中國國家博物館部分館藏文物背後的故事進行形象化的表現，讓孩子們在樂趣中獲得知識，在興趣中分享故事。一書在手，終生難忘。

在每冊繪本正文之後都附有「你知道嗎」小板塊，細緻講解書中畫面裏潛藏的各種文化知識，讓小讀者在學習歷史知識的同時，真正瞭解古人生活。而「你知道嗎」小板塊之後的「知道多些」小板塊則是由知名博物館教育推廣人朋朋哥哥專門為本套圖書撰寫的「使用說明書」，詳細介紹每件文物背後的歷史考古故事，涵蓋每冊圖書的核心知識點，中文程度較好的小讀者可以挑戰獨立閱讀，中文程度仍在進步中的小朋友則可以由父母代讀，共同討論，亦可成為家庭增進親子關係的契機。

希望本套圖書能點燃小朋友心中對文物的好奇心，拉近小朋友與歷史的距離，成為小朋友開啟中國歷史興趣之門的鑰匙。

編者

很久很久以前，在**岐山**腳下，有一個村子，村子裏住着許多手藝高超的青銅工匠，他們世世代代都靠**鑄造青銅器**為生。

　　這個夏天，村子裏接連發生了很多**奇怪的事**！先是放青銅器的倉庫被一場奇怪的大火燒了個精光。

沒過幾天，村子裏那棵
活了一百歲的大樹突然**起了
火**，連用來祭拜祖先的房子，
也被燒成了廢墟！

難道有**妖怪**在搗亂嗎？村民們很着急！因為**不敢用火**，大家不再煉銅了，甚至連做飯的火也不敢生，天天吃生食。但就算這樣，村子裏還是經常失火，真是莫名其妙。

就在大家想不出任何解決辦法的時候，村子裏來了一個**奇怪的人**……

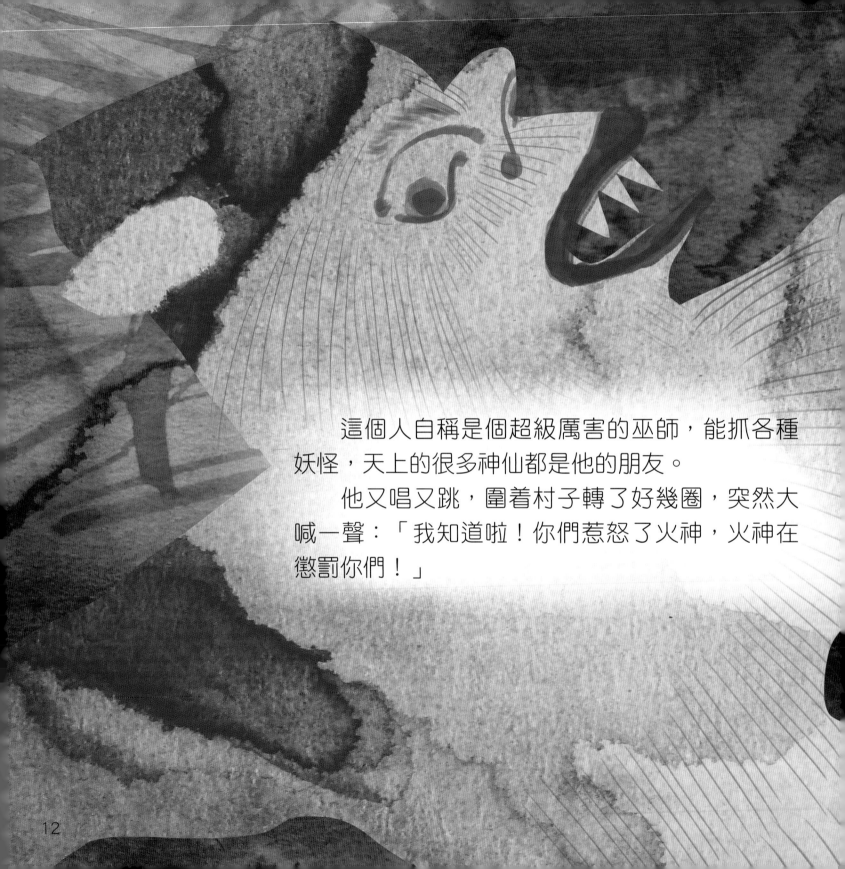

這個人自稱是個超級厲害的巫師，能抓各種妖怪，天上的很多神仙都是他的朋友。

他又唱又跳，圍着村子轉了好幾圈，突然大喊一聲：「我知道啦！你們惹怒了火神，火神在懲罰你們！」

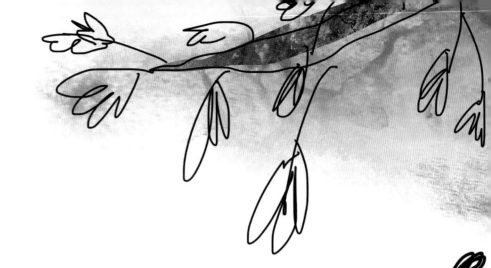

啊？！

聽巫師這麼一說，村民們全都嚇壞了，紛紛跪倒在地：「我們真的很**尊敬火神**呀！巫師大人，求求您，幫我們問問火神為甚麼要生氣，請您給我們求求情吧！」

巫師眼睛滴溜溜地轉了幾圈，對村民們說：「你們得先給我搭一座**高高的法台**，那樣我才能和住在天上的神仙說話！還有，向神仙求情可不是件容易的事，你們還要再拿**一大袋錢**來才行！」

大家好不容易湊夠整整一大袋錢，交給了巫師，又
急急忙忙搭起法台來⋯⋯

那巫師呢？

他坐在一邊，**喝酒吃肉**，逍遙地很。

這個傢伙真的是法力超強的巫師嗎？

才不是呢！他就是個**好吃懶做**想發財的閒漢！這人前幾天聽說了村裏發生的怪事，就特地跑過來**騙吃騙喝**。
村民們都被他騙啦！

整整九天，大家晝夜不停，終於搭出了一座高高的法台，所有人都累壞了。但一想到第二天巫師就能幫他們求得火神的原諒，村民們又覺得很開心。

第二天一大早，巫師**戴着面具**，穿着羽毛做的衣服，爬到了高高的法台上，對着剛剛升起的太陽又唱又跳，還不時敲一敲手裏那面**髒兮兮**的皮鼓。

裝模作樣了好一會兒，巫師對台下的村民們喊道：「火神跟我說了，你們天天用他的火煉銅，卻從沒有感謝過他！火神**很生氣**，他要你們拿出一百袋錢，一百罈酒，還有一百頭牲畜給他，否則他就把你們整個村子都燒光。」

這麼多錢物？！這可怎麼辦？我們到哪兒去找呀？很多人急得哭了起來。太陽越升越高，**假巫師**不停地催促村民們快快準備金銀財寶獻給火神。而村民們圍在台子下面，愁眉苦臉。

就在這時，法台邊的一口青銅鍋裏突然射出了一道**奇怪的光**，照在了支撐法台的木頭上。那光越來越亮，只一小會兒，木頭就冒起了煙。然後，**着起火**來了！所有的人都看呆了。

火越燒越旺，台子上的假巫師嚇壞了，大喊**救命**。

你不是巫師嗎？你的神仙朋友一定會來救你的！村民們可沒時間理他，因為大家終於找到那個在村子裏到處放火的東西啦！

原來，村裏有一口青銅鍋在鑄造時錫料加多了，內壁變成了銀白色，而且它的內壁被打磨得非常**光亮**，當陽光強烈的時候，被鍋的內壁反射出來的光，照在木頭上，不一會兒就能把木頭點着。這可真是太神奇了！用這個方法來**點火**，比過去使用的鑽木取火要方便得多！

　　受到啟發的村民們運用這個原理，鑄造了很多小小的「鍋」，能方便地帶在身上，只要有太陽就可以點火，大家為這個小東西起了個名字——**陽燧**。陽燧很快受到了大家的歡迎，尤其是經常旅行的人，因為有了陽燧，走到哪裏都能很方便地取火啦。

陽燧這種取火工具誕生於三千多年前的周代，比西方同類工具早出現了一千多年。在使用陽燧的過程中，人們將陽燧製作成各種形狀，工藝也更加精美。在**中國國家博物館**，你就可以看到一個唐代的方形陽燧喲。

［唐］獅紋陽燧
藏於中國國家博物館

青銅工匠造青銅

鼎是商周時期青銅器的一種，原為食器，用來蒸煮或盛放肉食。後來逐漸成為祭祀、征伐、喪葬等活動中陳設的一種禮器。在當時，鑄造青銅器是件需要很多人通力配合才能完成的工作。要是鑄造像后母戊鼎這樣的「大傢伙」，光是熔化銅就要三百多個工匠同時工作呢！

最早的「模範」

古人鑄造青銅器前，會先用陶泥做出器物的形狀，並在上面刻畫出漂亮的圖案，這就是「製模」，然後在「模」的外面貼一層泥片，晾乾之後形成了一個壳，這就是「翻範」。把「模」的表面刮掉一層，再和「範」合在一起，往空腔裏澆注青銅液，等青銅液冷卻，出「模」打破「範」，再經過細心修製，一件精美的青銅器就出現啦！

古代人如何坐

西周時期的人們是席地而坐的。一般的坐姿是將兩個膝蓋着地，腳背朝下，臀部落在腳後跟上。如果把兩腿伸直，把腳對着別人，在當時可是非常無禮的舉止！

托盤裏是甚麼

爵是古代的一種酒器，相當於現在的酒杯。它看上去像不像一隻小鳥？前面有一個長長的「嘴巴」，是倒酒用的，叫作「流」。後面有一個尖尖的「尾巴」。側面還有個小「翅膀」，方便人們提拿，古人稱之為「鋬（粵：盼｜普：pàn）」。

村民們是在吃飯嗎

他們在祭祀。祭祀是人們為祈求平安，表達崇敬心情，向祖先或神靈舉行供拜的某種儀式。在當時，糧食、肉、酒等都是非常珍貴的，人們會把這些作為祭品，擺在禮器中獻給神靈。

各種各樣的青銅器

盨（粵：水｜普：xǔ）：
古代盛放糧食的銅
器，橢圓形口。

盉（粵：禾｜普：hé）：
盛酒器或溫酒器，古
人也用它加水來調節
酒的濃度。

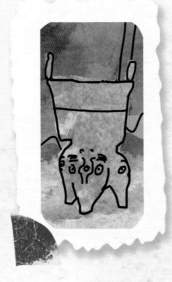

甗（粵：演｜普：yǎn）：
古代的一種食器，可
以說是現代蒸鍋的
「老祖宗」。甗可分
為兩部分，上半部分
用來放置食物，下半
部分用於煮水。中間
是有網眼的箅子，可
以讓蒸氣通過。

簋（粵：鬼｜普：guǐ）：
古代盛食物的器具，
作用大致相當於現在
的碗。

畫面上的動物

假巫師作法的畫面上為甚麼會有豬、牛、羊呢？原來，古代在舉行祭祀等重要的禮儀活動時要宰殺牲畜，牠們被稱為「犧牲」。現在，「犧牲」這個詞的意義變得更為崇高，指為了正義的目的捨棄自己生命的行為。

光的反射原理

光遇到水面、玻璃及其他許多光滑物體的表面都會發生反射。陽燧正是利用了這一原理，將射入的陽光通過反射聚集到了一起，使焦點溫度升高，從而點燃木頭、棉線等易燃物。

古代中國的科技之光

朋朋哥哥

　　三千多年前，世界上的許多民族還處在鑽木取火或擊石取火的時代，勤勞智慧的中華民族已經發明了利用太陽取火的工具 —— 陽燧。陽燧的出現，是人們對火的認識和使用的一種昇華，為人類文明的發展做出了卓越的貢獻。

　　火可以抵禦寒冷、嚇跑野獸、燒熟食物，對人類有着重要意義，所以，遠古時候的人們對火有着天然的崇拜和敬畏。在中國，很早就有燧人氏鑽木取火的神話傳說，《韓非子五蠹》篇中寫道：「上古之世……民食果蓏蚌蛤，腥臊惡臭而傷害腹胃，民多疾病，有聖人作，鑽燧取火，以化腥臊，而民說（悅）之，使王天

下，號之曰燧人氏。」世界上其他民族也有許多關於火的神話，如古希臘神話中的普羅米修斯偷取天火的故事等，它們從不同的側面折射出遠古時期人類為了取得火種而同大自然進行的嚴酷的鬥爭。隨着經驗的積累，人類逐漸學會了鑽木取火和擊石取火。

而聰明的中國古人在勞作中發現，用球面內凹的青銅器對着陽光時，陽光會被四面聚焦到一個點上，使這個點的溫度快速升高，達到可以點燃易燃物的目的。用這種方法獲得火種，比之前的方法效率高得多，而且這種青銅器可以批量製作，帶在身上，只要有太陽就可以取火，實在太方便啦。人們給這種青銅器取了一個貼切的名字——陽燧。

陽燧代表着當時科學技術的傑出成就，是中國古代的偉大創造。從航空航天領域到太陽能

等清潔能源的利用領域，陽燧背後的聚光原理直到現在依然被大量運用，陽燧也因此被認為是中國除了火藥、指南針、紙和印刷術這四大發明之外的第五大發明。

陽燧一般是圓形的，但是，在中國國家博物館「古代中國」展廳中，我們能看到一個方形的陽燧——獅紋陽燧。這件陽燧來自唐代，它的中心微凹像個圓池，池外四邊各有頭威風凜凜的雄獅，獅子昂首張口、長尾上翹，好像在怒吼着飛奔。陽燧的四角各有一圓紐，可以穿上繩子，方便攜帶。

陽燧聚光的原理讓我們想起了小時候的夏天裏，小朋友們最喜歡做的一個遊戲——拿着放大鏡蹲在太陽底

下，把焦點對準地上的落葉，
然後期待落葉燒出的那一縷白
煙……不知道三千多年前的孩
子們，是不是也喜歡拿着陽燧
燒落葉玩兒呢？